# BEI GRIN MACHT SICH IHR WISSEN BEZAHLT

- Wir veröffentlichen Ihre Hausarbeit,
  Bachelor- und Masterarbeit

- Ihr eigenes eBook und Buch -
  weltweit in allen wichtigen Shops

- Verdienen Sie an jedem Verkauf

## Jetzt bei www.GRIN.com hochladen und kostenlos publizieren

**Bibliografische Information der Deutschen Nationalbibliothek:**

Die Deutsche Bibliothek verzeichnet diese Publikation in der Deutschen National-bibliografie; detaillierte bibliografische Daten sind im Internet über http://dnb.d-nb.de/ abrufbar.

Dieses Werk sowie alle darin enthaltenen einzelnen Beiträge und Abbildungen sind urheberrechtlich geschützt. Jede Verwertung, die nicht ausdrücklich vom Urheberrechtsschutz zugelassen ist, bedarf der vorherigen Zustimmung des Verlages. Das gilt insbesondere für Vervielfältigungen, Bearbeitungen, Übersetzungen, Mikroverfilmungen, Auswertungen durch Datenbanken und für die Einspeicherung und Verarbeitung in elektronische Systeme. Alle Rechte, auch die des auszugsweisen Nachdrucks, der fotomechanischen Wiedergabe (einschließlich Mikrokopie) sowie der Auswertung durch Datenbanken oder ähnliche Einrichtungen, vorbehalten.

**Impressum:**

Copyright © 2016 GRIN Verlag, Open Publishing GmbH
Druck und Bindung: Books on Demand GmbH, Norderstedt Germany
ISBN: 9783668457775

**Dieses Buch bei GRIN:**

http://www.grin.com/de/e-book/364445/welche-kompetenzen-foerdert-das-nikitin-material-uniwuerfel-entwicklung

Eefke Peters

# Welche Kompetenzen fördert das Nikitin-Material "Uniwürfel"? Entwicklung des Raumvorstellungsvermögens von Kindern in der Primarstufe

GRIN Verlag

**GRIN - Your knowledge has value**

Der GRIN Verlag publiziert seit 1998 wissenschaftliche Arbeiten von Studenten, Hochschullehrern und anderen Akademikern als eBook und gedrucktes Buch. Die Verlagswebsite www.grin.com ist die ideale Plattform zur Veröffentlichung von Hausarbeiten, Abschlussarbeiten, wissenschaftlichen Aufsätzen, Dissertationen und Fachbüchern.

**Besuchen Sie uns im Internet:**

http://www.grin.com/

http://www.facebook.com/grincom

http://www.twitter.com/grin_com

Fachbereich 12 Erziehungs- und Bildungswissenschaften: Modul MDG 3

Seminar: Spezielle Fragen der Mathematikdidaktik II: Gruppe 3: Didaktik der Geometrie

Sommersemester 2016

*Können mit dem Nikitin-Material "Uniwürfel" Kompetenzen des Teilkompetenzbereichs „Orientierung in Raum und Ebene" des Kompetenzbereichs "Form und Veränderung" aus dem Bremer Rahmenlehrplan Mathematik für die Jahrgangsstufe eins und zwei gefördert und gefordert werden?*

Eefke Peters

Fachsemester: 6

# Inhaltsverzeichnis

# Einleitung

Unser räumliches Vorstellungsvermögen ist in vielen Alltagssituationen von großer Bedeutung und befähigt uns zu verschiedenen Tätigkeiten, die eine aktive Teilnahme am gesellschaftlichen Leben ermöglichen. Dazu gehören neben der räumlichen Orientierung beispielsweise auch gedankliche Auseinandersetzungen über den besten Weg ein Geschenk einzupacken oder den Kühlschrank platzsparend einzuräumen.[1] Um die Entwicklung räumlicher Fähigkeiten zu unterstützen, wird die Förderung als ein wichtiges Ziel im Geometrieunterricht der Primarstufe festgelegt. Dabei wird die Entwicklung räumlicher Fähigkeiten in die visuelle Wahrnehmung als Vorläuferfähigkeit und in die Raumvorstellung unterteilt. Die vorliegende Arbeit soll sich dabei mit der Analyse eines Lernmaterials, anhand des Modells der visuellen Wahrnehmung nach Frostig befassen, da diese als Voraussetzung für die Entwicklung des Raumvorstellungsvermögens von Kindern anzusehen ist. [2] Die dafür ausgearbeitete Fragestellung lautet wie folgt. Können mit dem Nikitin-Material "Uniwürfel" Kompetenzen des Teilkompetenzbereichs „Orientierung in Raum und Ebene" des Kompetenzbereichs "Form und Veränderung" aus dem Bremer Rahmenlehrplan Mathematik für die Jahrgangsstufe eins und zwei gefördert und gefordert werden? Die Entscheidung für das Modell von Frostig begründet sich zunächst durch die konkreten Handlungen im Lernmaterial. Aus diesem Grund habe ich mich für das Modell der visuellen Wahrnehmung entschieden, da sich das Modell zur Raumvorstellung in erster Linie mit mentalen Prozessen in der Vorstellung auseinandersetzt.[3] Weitere Ausführungen folgen in den dafür vorgesehenen Kapiteln.

Auf diese Einleitung folgt zunächst eine Darstellung des Lernmaterials von Nikitin. Die Uniwürfel werden vorgestellt, um die im nächsten Kapitel vorgestellten möglichen Lernziele des Materials nachvollziehen zu können. Anschließend soll dem Leser die Theorie zum Modell von Marianne Frostig näher erläutert werden, ohne an dieser Stelle bereits einen konkreten Zusammenhang zum Lernmaterial herzustellen. Das umfassendste Kapitel beinhaltet die Analyse des Nikitin - Materials mithilfe des Modells zur visuellen Wahrnehmung von Marianne Frostig. Beendet wird die Arbeit

---

[1] vgl. Eichler & Eipert, 2005, S. 15
[2] vgl. Franke, 2007, S. 32
[3] ebd. S. 28
[4] vgl. Nikitin & Nikitin, S. 2

von einem Fazit, welches die wichtigsten Erkenntnisse, insbesondere im Hinblick auf die Fragestellung dieser Arbeit, kurz darstellen soll.

## 1 Darstellung des Lernmaterials

Das Nikitin-Material ist eine von Boris und Lena Nikitin entwickelte Reihe sogenannter aufbauender Lernspiele, die sowohl die Konzentration als auch die Wahrnehmung fördern sollen. Kinder erfahren die Möglichkeit des konkreten Handelns durch einen systematischen und kleinschrittigen Aufbau des Materials. Die verschiedenen Materialien der Reihe beabsichtigen neben der Wahrnehmungs- und Konzentrationsförderung jeweils weitere individuelle Lernziele. Diese werden im Rahmen der dem Material beigelegten Informationen jedoch nur oberflächlich dargestellt.[4]

Das Material der Uniwürfel besteht aus 27 mehrfarbigen Holzwürfeln. Diese Würfel verfügen nicht alle über die gleichen Farbanordnungen. Es gibt beispielsweise Würfel mit drei roten Seitenflächen und drei blauen Seitenflächen, oder Würfel mit drei gelben Seitenflächen, einer blauen und zwei roten Seitenflächen. Es gibt weitere Farbkombinationen, die sich dabei jedoch auf die Farben rot, gelb und blau beschränken. Außerdem gibt es ein Vorlagenheft, welches insgesamt 47 Muster zum Nachbauen enthält. Diese Muster sind nach ihrem Schwierigkeitsgrad sortiert. Je höher die Nummer des Musters, desto anspruchsvoller wird der Nachbau. Begonnen wird dabei mit Ebenen, die einen langsamen Übergang in den Raum vollziehen. Angesprochen werden sollen Kinder ab dem vierten Lebensjahr, im beigelegten Heft wird darauf verwiesen, dass sich einige Aufgaben ebenfalls für Erwachsene als knifflig herausstellen können. Eine Spielanleitung gibt es, abgesehen von einer kurzen Beschreibung des Spiels auf der Rückseite der Verpackung, nicht. Es handelt sich um ein Lernspiel und ermittelt keinen Sieger oder Verlierer. Ebenso wenig wird eine Anzahl der Spieler festgelegt. Das Spiel lässt sich von einem oder mehreren Spielern gemeinsam spielen. Da hierfür keine genauen Vorgaben bestehen, ist es den Spielenden freigestellt, ob jeder einzeln ein Muster nachbaut oder, besonders bei den anspruchsvolleren Mustern, eine gemeinsame Bearbeitung von Vorteil sein kann.[5]

---

[4] vgl. Nikitin & Nikitin, S. 2
[5] vgl. Nikitin Material, 1990

## 2 Mögliche Lernziele des Materials

Das Material selbst informiert über mögliche Lernziele, die von den Machern des Spiels beabsichtigt werden. Dabei wird das Trainieren des räumlichen Denkens, des genauen Beobachtens und des Konzentrierens angeführt. Des Weiteren ist die Schulung der Wahrnehmung zu nennen, die grundsätzlich von den Nikitins als mögliches Lernziel genannt wird. Genauere Hintergrundinformationen über den Verlauf der Förderung dieser Kompetenzen gibt das Material dabei nicht.[6] Für eine Nutzung in der Grundschule hat die Lehrkraft daher die Aufgabe sich selbst mit der Thematik auseinanderzusetzen und die möglichen Lernziele genauer zu untersuchen, wie es in der vorliegenden Arbeit ebenfalls gemacht wird.

Der Rahmenlehrplan für die Mathematik in der Primarstufe unterteilt sich in vier übergeordnete Themenfelder. Neben dem für die Arbeit entscheidenden Themenfeld Form und Veränderung, gibt es weiterhin die Themenfelder Zahlen und Operationen, Größen und Messen, sowie Daten und Zufall. Das Themenfeld Form und Veränderung fordert die Entwicklung der Raumvorstellung, da diese als ein Ziel des Mathematikunterrichts betrachtet werden muss. Der Rahmenlehrplan fordert dabei ein Vorgehen nach dem Spiralprinzip. Schwerpunkte, wie die geometrischen Formen, werden dabei wiederholt, damit das Verständnis der Kinder zunehmend wächst.[7] Neben der Entwicklung des Raumvorstellungsvermögens ist auch eine Entwicklung der Motorik und der Sprache als mögliches Lernziel zu betrachten.[8]

Zur besseren Handhabung des Rahmenlehrplans und insbesondere zur Rückmeldung Lern- und Leistungsentwicklung von SchülerInnen gibt das Land verbindlich auszufüllende Entwicklungsübersichten an Lehrkräfte der Primarstufe heraus. Diese gliedern sich neben den oben genannten Themenfeldern in weitere Teilkompetenzbereiche. Dabei fällt ins Themenfeld „Form und Veränderung" der Teilkompetenzbereich „Orientierung in Raum und Ebene". Diesen gilt es im Laufe der Arbeit näher zu untersuchen. Beim Erfüllen einer bestimmten Anforderung im Mathematikunterricht hat die Lehrkraft in der Entwicklungsübersicht die Möglichkeit ein Kreuz zu setzen, wenn die jeweilige Kompetenz vom Kind beherrscht wird. Es gibt

---

[6] vgl. Nikitin & Nikitin, S. 7
[7] vgl. Senator für Bildung und Wissenschaft, 2004/05, S. 18
[8] ebd. S. 19

hierzu eine Unterteilung in die Klassenstufen mit der Empfehlung der zu erreichenden Regelstandards. Um die Zielvorgaben der Klasse eins in diesem Teilkompetenzbereich zu erfüllen, muss ein/e SchülerIn Bauerwerke, wie beispielsweise Würfelgebäude nach einer Vorlage bauen können und die Lage von Gegenständen im Raum beschreiben können.[9] Ob das vorliegende Material zum Fördern und zum Fordern der in diesem Teilkompetenzbereich erwarteten Fähigkeiten dienen kann, wird im Hauptteil dieser Arbeit untersucht. Dazu wird das Modell von Marianne Frostig als Grundlage zur Analyse genutzt werden, welches im folgenden Kapitel zunächst ohne den Bezug zur Analyse erläutert wird.[10]

## 3 Ausführungen zum Modell der visuellen Wahrnehmung von Marianne Frostig

Die Ausführungen zur visuellen Wahrnehmung, die im Folgenden beschrieben werden sind angelehnt an die Erkenntnisse von Marianne Frostig.[11] Diese werden von Marianne Franke in ihrem Werk ausführlich dargestellt, weshalb dieses Werk als Literaturgrundlage für das vorliegende Kapitel dient.[12]

Die Voraussetzung für das räumliche Vorstellungsvermögen bilden visuell-räumliche Wahrnehmungsmöglichkeiten. Nicht ausschließlich das Sehen bestimmt die visuelle Wahrnehmung, auch wenn das Sehen als Ausgangspunkt der visuellen Wahrnehmung zu betrachten ist. Neben dem Sehen ist der Prozess der visuellen Wahrnehmung eng mit dem Gedächtnis, der Motorik und der Sprache verbunden. An den physikalischen Prozess des Sehens ist eine kognitive Verarbeitung des Wahrgenommenen angeschlossen. Daraus ergibt sich eine Wichtigkeit des visuellen Wahrnehmens für verschiedene Unterrichtsinhalte, die über den des Geometrieunterrichts hinausgehen. Der Erwerb des Lesens und Schreibens geht einher mit einem schwierigen Schritt in der Entwicklung der visuellen Wahrnehmung, nämlich der Wahrnehmung im zweidimensionalen Raum. Kinder nehmen zunächst den dreidimensionalen Raum leichter wahr. Einen Hund zu erkennen und zu streicheln fällt einem fünf- oder sechsjährigem Kind leichter, als die Unterscheidung der

---

[9] vgl. Die Senatorin für Kinder und Bildung der freien Hansestadt Bremen, 2015, S. 3 f.
[10] vgl. Franke, 2007, S. 32 ff.
[11] vgl. Frostig, 1978, zitiert nach Franke, 2007, S. 32
[12] vgl. Franke, 2007, S. 32 ff.

verschriftlichten Buchstaben „b" und „p".[13] Daraus abgeleitet erschließt sich die Wichtigkeit des Förderns und Forderns des visuellen Wahrnehmens in der Primarstufe.

Franke stellt in ihrem Buch die verschiedenen Bereiche der visuellen Wahrnehmung nach Frostig vor. Diese Bereiche des Modells von Frostig werden häufig zu diagnostischen Zwecken genutzt, wenn in Aufgabenformaten die einzelnen Komponenten überprüft werden sollen. Auch die anschließende Förderung bei vorherrschenden Schwierigkeiten kann sich am Modell orientieren. Geeignete Materialien lassen sich mit den jeweiligen Beschreibungen von Frostig leichter zusammenstellen und von der Lehrkraft auf ihren Nutzen überprüfen.[14] Im anschließenden Kapitel wird das Modell für die Analyse der Uniwürfel genutzt. Auch hier ist die Untersuchung darauf bedacht, den Nutzen für die Förderung und Forderung im Anfangsunterricht genauer zu überprüfen.

## 3.1 Die Figur-Grund-Unterscheidung

Als erste Komponente der visuellen Wahrnehmung nach Frostig wird die Figur-Grund-Unterscheidung genannt. Diese Fähigkeit ermöglicht es dem Menschen Gegenstände zu erkennen und diese gesondert vom Hintergrund wahrzunehmen. Einher geht damit die Fokussierung eines Gegenstandes im Vordergrund oder im Hintergrund. Damit sind beispielsweise Prozesse wie das Greifen eines Buches gemeint. Dazu muss das Buch als eigenständiger Gegenstand, der sich vom jeweiligen Hintergrund abhebt wahrgenommen werden. Konturen und Grenzen werden erkannt, sodass bei einem Würfel beispielsweise die einzelnen quadratischen Flächen oder die verbindenden Strecken als solche identifiziert werden können. Die Fähigkeit der Figur-Grund-Unterscheidung ist angeboren und kann bereits von Kleinkindern angewendet werden, durchläuft im Alter zwischen fünf und acht Jahren jedoch eine weitere Zunahme.[15]

## 3.2 Die visuomotorische Koordination

Der nächste Bereich ist die visuomotorische Koordination. Sie ist dafür verantwortlich, dass Gesehenes auch motorisch koordiniert werden kann. Möchte ein

---

[13] vgl. Franke, 2007, S. 32
[14] ebd. S. 33
[15] ebd. S. 33 ff.

Kind beispielsweise einen Ball fangen, muss gewährleistet sein, dass die Arme sich durchs Sehen koordinieren lassen. Den Ball ausschließlich zu sehen, ermöglicht es dem Kind nicht den Ball zu fangen, wenn keine Bewegung der Arme, Hände und gegebenenfalls der Beine ausgelöst wird. Defizite in der Entwicklung sollten frühzeitig erkannt werden, weshalb das Fördern und Fordern dieses Bereichs schon im Vorschulalter gesehen sollte.[16]

### 3.3 Die Wahrnehmungskonstanz

Die dritte Komponente ist die Wahrnehmungskonstanz. Darunter wird verstanden, dass Figuren, Größen, Anordnungen oder räumliche Lagen von anderen unterschieden werden können. Dabei spielen mehrere Prozesse eine Rolle, während für den Mathematikunterricht die Figuren- und Größenkonstanz von großer Bedeutung sind. Die Größenkonstanz befähigt ein Kind dazu Objekte oder Gegenstände aus unterschiedlichen Entfernungen in einer Größe wahrzunehmen. Wenn eine Form trotz unterschiedlicher Darstellung oder Bewegung als gleich wahrgenommen wird, spricht das Modell von der Figurenkonstanz. Übungen hierzu sind beispielsweise die Sortierung gleicher Gegenstände nach ihrer Größe.[17]

### 3.4 Die räumliche Orientierung

Die Komponente der räumlichen Orientierung umfasst das Verständnis des Standortes und der räumlichen Beziehungen von Objekten. Dabei unterteilt Frostig die räumliche Orientierung in zwei untergeordnete Aspekte, die Wahrnehmung der Raumlage und die Wahrnehmung räumlicher Beziehungen.[18]

Die Wahrnehmung der Raumlage beschreibt die Wahrnehmung vom eigenen Standort aus. Es geht dabei um das Kind oder den Menschen selbst, der sich als Zentrum seiner eigenen Welt empfindet. Er nimmt in dieser Welt Gegenstände hinter, vor, neben oder über sich wahr. Ebenso ist die Wahrnehmung der Raumlage auch für Prozesse, wie beispielsweise die visuelle Unterscheidung von 6 und 9 verantwortlich, oder für das Bilden zweistelliger Zahlen. Verändern sich Gegenstände beispielweise

---

[16] vgl. Franke, 2007, S. 37 f.
[17] ebd. S. 38 ff.
[18] ebd. S. 46 f.

durch Bewegungen, ist die Wahrnehmung der Raumlage verantwortlich die Kennzeichnung der Orientierung im Raum.[19]

Die Wahrnehmung räumlicher Beziehungen kann verstanden werden, als die Fähigkeit des Wahrnehmenden, die Lage von mehreren Objekten in Bezug zu sich selbst und zueinander wahrzunehmen. Sie ist als ein Folgeschritt der Wahrnehmung der Raumlage zu sehen. Beziehungen zwischen Objekten müssen zunächst erkannt und daraufhin beschrieben werden. Gefordert wird zum Beispiel das Erkennen der Beziehung zweier Figuren, die sich berühren, oder eben nicht berühren. Diese Beziehung gilt es im ersten Schritt zu erkennen und anschließend zu beschreiben.[20]

## 4 Theoriegeleitete Analyse des Lernmaterials

Das zu Beginn dieser Arbeit bereits dargestellte Lernmaterial „Uniwürfel" soll im Folgenden auf seinen Nutzen zur Förderung und Forderung im Mathematikunterricht der ersten und zweiten Klasse untersucht werden. Dabei soll der Fokus der Überprüfung auf dem Teilkompetenzbereich der „Orientierung in Raum und Ebene" liegen. Die Kompetenzen, die in diesem Bereich vom Bremer Rahmenlehrplan für Mathematik[21] gefordert werden sind in der Entwicklungsübersicht für das Fach Mathematik detailliert als sogenannte Regelstandards dargestellt. Daraus lassen sich die Lernziele ableiten, sowie der Zeitpunkt des vorgesehenen Erreichens des jeweiligen Ziels.[22]

Dem Nikitin- Material ist ein Block mit den jeweiligen nachzubauenden Bauwerken beigelegt. Es handelt sich um Figuren, die im Block zweidimensional wahrgenommen werden müssen, um anschließend in ein dreidimensionales Bauwerk umgewandelt zu werden. Die Bilder im Block sind der Schwierigkeit nach geordnet, daher handelt es sich bei dem ersten Bild um das vermeintlich am leichtesten nachzubauende Würfelgebäude.[23]

---

[19] vgl. Franke, 2007, S. 47
[20] ebd. S. 47 f.
[21] vgl. Senator für Bildung und Wissenschaft, 2004/05
[22] vgl. Die Senatorin für Kinder und Bildung der freien Hansestadt Bremen, 2015, S. 4
[23] siehe Anhang, Würfelgebäude Nr. 1

Für die Bearbeitung der Aufgaben ist eine Voraussetzung zunächst die Figur-Grund-Unterscheidung. Diese Unterscheidung ist zwar bereits von Kleinkindern zu erbringen, bildet sich jedoch im Alter von fünf bis acht Jahren deutlich weiter aus.[24] Zur Bearbeitung der Aufgaben muss das Kind die in die Gesamtfiguren eingebetteten Teilfiguren, die sich beispielsweise im ersten nachzubauenden Würfelgebäude[25] als rote Würfel kennzeichnen, erkennen. Dazu können die schwarz eingezeichneten Linien/Konturen als Orientierung dienen. Da bekannte Figuren schneller erfasst werden, als Unbekannte, ist davon auszugehen, dass eine Erfassung dieses Gebäudes einem Kind am Schulbeginn gut möglich ist.[26] Darüber hinaus kann die Figur-Grund-Unterscheidung, aus den genannten Gründen auch in den folgenden zu bearbeitenden Aufgaben der Uniwürfel als eine Voraussetzung zur Erfassung des jeweiligen abgebildeten Würfelgebäudes betrachtet werden. In den folgenden Aufgaben wird zunehmend deutlicher, dass die Fähigkeit so weit ausgeprägt sein muss, dass die einzelnen Würfel, trotz ihrer Farbunterscheidungen, als Teilfiguren der Gesamtfigur betrachtet werden können. Ohne diese Fähigkeit kann ein Nachbauen des Würfelgebäudes nicht gelingen. Im Kompetenzbereich „Orientierung in Raum und Ebene" ist diese Fähigkeit nicht aufgeführt, weshalb davon ausgegangen wird, dass diese bei Schuleintritt ausreichend ausgeprägt sein sollte, um die jeweilige Vorlage vollständig zu erfassen. Aus diesem Grund ist eine Förderung der Figur- Grund-Unterscheidung mit dem Nikitin-Material zunächst nicht relevant für den Mathematikunterricht der Primarstufe.

Die visuomotorische Wahrnehmung ist wie die Figur-Grund-Unterscheidung im schulfähigen Alter ebenfalls als eine Voraussetzung für das problemfreie Erbauen von Würfelgebäuden zu betrachten. Es ist eine Koordination zwischen Auge und Hand nötig, um die Würfel zu greifen und daraufhin dort zu platzieren, wo das Kind es für richtig hält.[27] Diese Fähigkeit sollte vor dem bei Schuleintritt bereits erworben sein und damit zusammenhänge Schwierigkeiten bereits im Vorschulalter diagnostiziert.[28] Trotzdem können die Uniwürfel hier ein diagnostisches Mittel oder eein potentielles Mittel zur Förderung darstellen, falls ein Kind Probleme bei der

---

[24] vgl. Franke, 2007, S. 37
[25] siehe Anhang, Würfelgebäude 1
[26] vgl. Franke, 2007, S. 34
[27] ebd. S. 37
[28] ebd. S. 38

Übertragung der visuellen Wahrnehmung zur Motorik hat. Die Schulung der visuomotorischen Koordination ist jedoch kein festgelegter Bestandteil im Rahmenlehrplan des Anfangsunterrichts. Die Entwicklungsübersicht gibt diese Fähigkeit als Basiskompetenz beim Schuleintritt an. Des Weiteren sind in diesen Basiskompetenzen das Einräumen und Ausräumen, oder die Steuerung von Bewegungen bestimmter Körperteile gefordert. [29] Die Bewegung bestimmter Körperteile, insbesondere der Hände, ist auch beim Umgang mit den Uniwürfeln erforderlich und sollte im Regelfall keiner Förderung mehr im Anfangsunterricht bedürfen. Sowohl die Diagnostik, als auch die Förderung der visuomotorischen Koordination sollten im Vorschulalter ansetzen und nicht erst bei Schuleintritt.[30]

Die Wahrnehmungskonstanz ist ebenfalls als wichtig für den Umgang mit den Uniwürfeln in der Schule zu betrachten. Sie befähigt die Kinder zum Wiedererkennen und zur Wahrnehmung der Würfel trotz ihrer unterschiedlichen Färbung oder Anordnung. Diese Erwartung wird bei einer gewöhnlichen Entwicklung der visuellen Wahrnehmung im Grundschulalter vorausgesetzt. [31] Ein Zusammenhang zur Entwicklungsübersicht für den Mathematikunterricht und den geforderten Kompetenzen lässt sich daher nicht direkt herstellen. Bei einer Normalentwicklung eines Kindes bedarf diese Fähigkeit keiner Förderung mithilfe der Uniwürfel im Mathematikunterricht. Trotzdem spielt sie eine Rolle beim Umgang mit dem Uniwürfeln, da sich das Modell der visuellen Wahrnehmung im praktischen Umgang als ein Zusammenspiel der einzelnen Komponenten präsentiert.

Als ein wichtiger Entwicklungsschritt auf dem Weg zum Raumvorstellungsvermögen ist die räumliche Orientierung zu verstehen.[32] Teilkompetenzen der Wahrnehmung der Raumlage werden in der Entwicklungsübersicht des Landes Bremen als Basis beim Schuleintritt formuliert, während andere durch das oben genannte Spiralprinzip deutlich erkennbar wiederholt werden. Dazu zählt beispielsweise das gezielte Bewegen im Raum, welches als Basis erwartet wird. Eine ähnliche Kompetenz wird als die „Orientierung im Raum nach Anweisung" bezeichnet. Hier

---

[29] vgl. Die Senatorin für Kinder und Bildung der freien Hansestadt Bremen, 2015, S. 4
[30] vgl. Franke, 2007, S. 38
[31] ebd. S. 40 f.
[32] ebd. S. 32

wird das Kind schon als „auf dem Weg zu den Zielvorgaben" [33] im Teilkompetenzbereich der Orientierung in Raum und Ebene betrachtet. Ähnliche Anforderungen werden damit wiederholt. [34] Aus diesen Vorgaben der Entwicklungsübersicht lässt sich schlussfolgern, dass beim Schuleintritt an den Entwicklungsschritt der räumlichen Orientierung angesetzt wird. Als explizite Zielvorgabe bzw. als der zu erreichende Regelstandard am Ende von Klasse eins, ist das Bauen von Würfelgebäuden nach einer Vorlage angegeben.[35] Das heißt neben der möglichen Nutzung zur Förderung oder Forderung mit den Uniwürfeln kann das Material selbst als verbindlicher Unterrichtsgegenstand genutzt werden, um den Leistungsstand eines Kindes zu ermitteln.

Ein konkretes Handeln mit den Uniwürfeln wird unter anderem durch die Wahrnehmung der Raumlage möglich. Das Kind kennt seinen eigenen Standpunkt und muss daraufhin diesen in Bezug zu der Umgebung und den darin enthaltenden Gegenständen wahrnehmen.[36] Diese Gegenstände werden im Lernmaterial durch die Uniwürfel repräsentiert. Die Entwicklungsübersicht bezeichnet dies als die Fähigkeit „die Lage von Gegenständen im Raum beschreiben"[37] zu können. Mithilfe der Uniwürfel kann diese Fähigkeit geschult werden, da der mehrfarbige Würfel gedreht werden muss, um ihn für ein nachzubauendes Gebäude richtig zu platzieren. Das Drehen ermöglicht die Sicht auf die anderen Seiten und damit auf weitere Farben des Würfels. Damit schult es die Wahrnehmung der Raumlage und lässt sich mit der zu drehenden Figur im Kasten in der Literatur Frankes vergleichen.[38] Darüber hinaus findet nicht ausschließlich ein Operieren im zweidimensionalen Raum statt, welches Kindern in ihrer Entwicklung ohnehin schwerer fällt.[39] Auch der Rahmenlehrplan sieht es als wichtig an den Kindern auf dem Weg zur Entwicklung des Raumvorstellungsvermögens die Möglichkeit des Operierens mit geometrischen Formen zu verschaffen.[40] Dieser Anforderung werden die Uniwürfel zusätzlich, neben der Schulung der Wahrnehmung der Raumlage, gerecht.

---

[33] vgl. Die Senatorin für Kinder und Bildung der freien Hansestadt Bremen, 2015, S. 3
[34] ebd. S. 4
[35] vgl. Die Senatorin für Kinder und Bildung der freien Hansestadt Bremen, 2015, S. 4
[36] vgl. Franke, 2007, S. 47
[37] vgl. Die Senatorin für Kinder und Bildung der freien Hansestadt Bremen, 2015, S. 4
[38] vgl. Franke, 2007, S. 47, Abbildung 1
[39] ebd. S. 32
[40] vgl. Senator für Bildung und Wissenschaft, 2004/05, S. 18

Über die Wahrnehmung der Raumlage hinaus geht die Wahrnehmung räumlicher Beziehungen. Beide Wahrnehmungsprozesse sind eng miteinander verknüpft, wodurch bei konkreten Beispielen eine Abgrenzung teilweise schwierig ist.[41] Die Wahrnehmung räumlicher Beziehungen wird gefordert, wenn SchülerInnen Würfelgebäude nach einer Vorlage bauen sollen, wie es die an den Rahmenlehrplan angelegte Entwicklungsübersicht fordert.[42] Für den Bau nach Vorlage müssen mehr als zwei Würfel in Bezug zueinander gesehen und wahrgenommen werden. Vom Kind wird der komplexe Vorgang gefordert Vergleiche anzustellen, um die Beziehungen der Würfel zueinander zu erkennen.[43] Dieses Herstellen von Beziehungen wird bei den Uniwürfeln durch konkrete Handlungen unterstützt und geht über die Wahrnehmung der Raumlage hinaus. Das konkrete Operieren ist hier erneut als positiv hervorzuheben, da die für den Mathematikunterricht von Bedeutung ist.[44] Besonders die unterschiedlich mehrfarbigen Würfel stellen eine Herausforderung für die Wahrnehmung räumlicher Beziehungen dar. Das Drehen, sowie das Legen verschiedener Farben nebeneinander erfordert eine genaue Beschreibung der Beziehungen innerhalb des Würfelgebäudes. Im Verlauf der Aufgaben muss immer häufiger entschieden werden, ob sich die einzelnen Würfel berühren oder an welchen Stellen sie sich überlappen. Auch dieser Prozess fordert die Wahrnehmung räumlicher Beziehungen heraus.[45] Durch die gegebenen Vorlagen des Nikitin-Materials können die Kinder ihre konkreten Handlungen mit der Abbildung vergleichen und überprüfen. Änderungen lassen sich leicht vornehmen, wobei nicht klar definiert werden kann, ob hier bereits ein mentales Operieren stattfindet. Ist dies der Fall, kann der Vorgang über die visuelle Wahrnehmung hinausgehen und auf das Raumvorstellungsvermögen zurückgreifen.[46] Diese Unterscheidung ist beim Lernmaterial, besonders bei den zunehmend schwerer zu lösenden Aufgaben, nicht leichtfertig zu treffen und kann unter anderem von der individuellen Herangehensweise des Kindes abhängen. Außerdem ist bereits bei der räumlichen Orientierung ein Zurückgreifen auf Vorstellungen und Wissen charakteristisch, was die Unterscheidung und klare Trennung der visuellen Wahrnehmung des

---

[41] vgl. Franke, 2007, S. 46
[42] vgl. Die Senatorin für Kinder und Bildung der freien Hansestadt Bremen, 2015, S. 4
[43] vgl. Franke, 2007, S. 47
[44] vgl. Senator für Bildung und Wissenschaft, 2004/05, S. 18
[45] vgl. Franke, 2007, S. 47
[46] ebd. S. 29

Raumvorstellungsvermögens als schwierig gestaltet.[47] In jedem Fall kann jedoch vom von Franke beschriebenen „räumlich-visuellen Operieren" gesprochen werden. Dieses umfasst sowohl mentales Handeln als auch die im realen Raum stattfindenden Handlungen.[48]

Über die Kompetenzen der ersten Klasse hinaus und damit auf dem Weg zu den Zielvorgaben der zweiten Klasse geht das „Kennen von Lagebeziehungen".[49] Es geht über das bereits in der Entwicklungsansicht angesprochene „Beschreiben" hinaus und kann mit dem Nikitin- Material gefordert und gefördert werden. Sowohl auf den im Block gezeigten Abbildungen, als auch an den dreidimensionalen Würfelgebäuden können Lagebeziehungen genauer aufgezeigt werden. Diese müssen vom Kind ohnehin wahrgenommen werden, da besonders die schwierigen Aufgaben ohne das genaue Erfassen der räumlichen Beziehungen nicht fehlerfrei nachbaubar sind. Eine wiederholende Auseinandersetzung nach dem Spiralprinzip kann die Fähigkeiten der Kinder ausbauen und absichern. Auch dieser Kompetenzbereich kann damit unter der räumlichen Orientierung eingeordnet werden.

## Fazit

Festzuhalten ist zunächst, dass Kompetenzen des Teilkompetenzbereichs „Orientierung in Raum und Ebene" gefördert und gefordert werden können. Deutlich wurde in der Auseinandersetzung mit dem Lernmaterial, dass dieses einige visuelle Wahrnehmungsprozesse fordert, die beim Schuleintritt bereits erlernt worden sein sollten. Eine Erwähnung dieser trotzdem nicht unwichtigen eher vorschulischen Lernprozesse im Lehrplan findet nicht statt. Bei bestehenden Schwierigkeiten, beispielsweise in der visuomotorischen Koordination, wäre es jedoch möglich die Uniwürfel in eine Förderung einzubeziehen, da diese auch im Hinblick auf die weitere Entwicklung der visuellen Wahrnehmung unterstützend wirken könnten. Der Lehrplan setzt, wie weiter oben festgestellt, im Bezug auf das Modell der visuellen Wahrnehmung nach Frostig an der Entwicklung von Kompetenzen der räumlichen Orientierung an. Für Teile dieser Entwicklung kann das Nikitin-Material zur Förderung und Forderung genutzt werden, soweit es sich in den Regelunterricht

---

[47] vgl. Franke, 2007, S. 46
[48] ebd. S. 30
[49] vgl. Die Senatorin für Kinder und Bildung der freien Hansestadt Bremen, 2015, S. 4

integrieren lässt. Die Überprüfung dessen stellt einen möglichen Anknüpfungspunkt dieser Arbeit dar. Ob es als Förder- oder Fordermaterial genutzt wird, hängt dabei vom Leistungstand der jeweiligen SchülerInnen ab. Besonders eignet sich das Material zur Unterstützung der Entwicklung der Wahrnehmung räumlicher Beziehungen, die im Teilkompetenzbereich des Bremer Rahmenlehrplans aufgeführt werden. Die unterschiedlichen Würfel in eine Beziehung zueinander setzen zu müssen ist als besondere Stärke des Materials zu erwähnen. Dadurch kann sich das Material insbesondere bei der Entwicklung der Kompetenzen zum beschreiben und kennen von Lagebeziehungen als hilfreich erweisen. Durch die Staffelung des Schwierigkeitsgrades ist im Laufe der Aufgaben jedoch nicht mehr auszumachen, ob es sich ausschließlich um Prozesse der visuellen Wahrnehmung handelt, oder ob das Raumvorstellungsvermögen in die Analyse hätte mit einbezogen werden müssen. Für die Hinführung zum Raumvorstellungsvermögen, wie es der Mathematikunterrichts der Grundschule beabsichtigt, kann das Nikitin-Material eine fördernde und fordernde Rolle einnehmen. Im Hinblick auf die Feststellung, dass einige Komponenten der visuellen Wahrnehmung bereits vor Schuleintritt erworben sein sollten stellt sich die Frage nach einer Schuleingangsdiagnostik zur visuellen Wahrnehmung. Mit dem Wissen des Leistungsstandes wäre es der Lehrkraft möglich Fördermaßnahmen hierzu früh in die Wege zu leiten, um so eine Beeinträchtigung der Entwicklung des an die visuelle Wahrnehmung anschließenden Raumvorstellungsvermögens zu vermeiden.

# Literaturverzeichnis

Die Senatorin für Kinder und Bildung der freien Hansestadt Bremen (2015): Entwicklungsübersicht Mathematik.

Eichler, Klaus-Peter; Eipert, Peter (2005): Zur Vorstellung von räumlichen Bewegungen. In: Grundschulunterricht, Heft 11/2005. München: Oldenbourg, S. 15-20.

Franke, Marianne (2007): Didaktik der Geometrie in der Grundschule. Heidelberg: Spektrum Akademischer Verlag.

Maier, Peter Herbert (1999): Raumgeometrie mit Raumvorstellung – Thesen zur Neustrukturierung des Geometrieunterrichts. In: Der Mathematikunterricht. Heft 3. S. 4-18.

Nikitin Material (1990): Uniwürfel. Essen: LOGO Lern-Spiel-Verlag GmbH.

Nikitin, Boris; Nikitin, Lena: Nikitin Material. Aufbauende Spiele. Essen: LOGO Lern-Spiel-Verlag GmbH.

Senator für Bildung und Wissenschaft (2004/05): Rahmenlehrplan Grundschule. Mathematik. URL: http://www.lis.bremen.de/de/detail.php?gsid=bremen56.c.15222. de (letzter Zugriff: 10.07.2016, 11:20 Uhr)

# Anhang

- Würfelgebäude 1

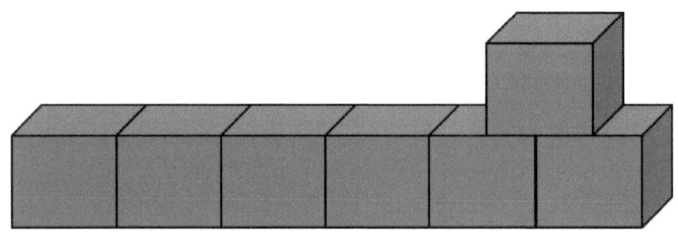

Eigene Darstellung nach: Nikitin Material (1990)

# BEI GRIN MACHT SICH IHR WISSEN BEZAHLT

- Wir veröffentlichen Ihre Hausarbeit,
  Bachelor- und Masterarbeit

- Ihr eigenes eBook und Buch -
  weltweit in allen wichtigen Shops

- Verdienen Sie an jedem Verkauf

Jetzt bei www.GRIN.com hochladen
und kostenlos publizieren